딸기
유기재배

딸기
유기재배

초판발행 2012년 3월 20일
초판 3쇄 2019년 1월 11일

책임진행   농촌진흥청 농촌지원국 김영수 · 허수범 · 김근영
엮은이   국립농업과학원 강충길 · 김민정 · 김용기 · 남홍식 · 박광래 · 박종호 · 박흥경 · 심창기 · 안난희 · 이민호 ·
            이병모 · 이상민 · 이상범 · 이연 · 이용기 · 이지현 · 조정래 · 지형진 · 최현석 · 한은정 · 홍성준
          국립원예특작과학원 고관달   전라북도농업기술원 소현규   포천시농업기술센터 최광영

펴낸이 채종준
디자인 곽유정 · 이종현 · 박능원

펴낸곳 한국학술정보(주)
주소 경기도 파주시 회동길 230 (문발동)
전화 031 908 3181(대표)
팩스 031 908 3189
홈페이지 http://ebook.kstudy.com
E-mail 출판사업부 publish@kstudy.com
등록 제일산−115호(2000. 6. 19)

ISBN 978-89-268-2961-5 93520 (Paper Book)
        978-89-268-2962-2 98520 (e-Book)

딸기

유기재배

목 차

Part 01

유기농 딸기

딸기는 재배기간이 길고 노동력이 많이 들지만 저온에서도 생육이 양호하여 난방비 부담이 적고 수확과 선별에 드는 노동력을 제외하면 경영비가 낮다. 전국의 딸기 재배면적은 7,049ha이며 경남(2,255ha)과 충남(2,305ha)에서 많이 재배되고 있고, 딸기 생산의 97%는 시설재배이다(농식품부, 2010).

2007년에 유기 인증 딸기재배 농가는 162호로 평균 4,134.5m²의 재배면적을 갖고 있었으며, 이 중 주 작목 딸기재배 농가는 75.9%로 매우 높고, 생산자 조직형태는 개별 농가 61.1%, 작목반 28.4%, 영농조합법인 4.9% 순이었다(전라남도 농업기술원, 2007).

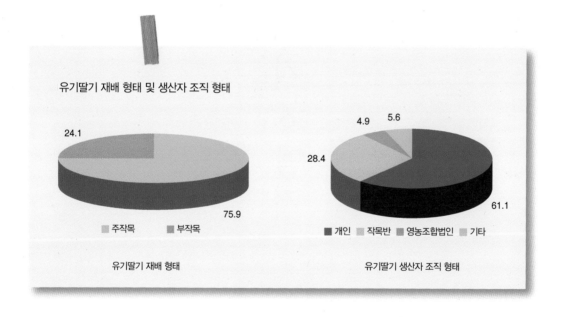

딸기의 연평균 가격은 2001년 이후로 꾸준히 상승하고 있으며, 유기딸기는 신선 채소 가운데 직거래 소비자들이 선호하는 인기 품목 중 하나이다.

관행 딸기 평균 소매가격은 6,000원/kg인 반면, 유기농 딸기의 평균 소매가격은 11,604원/kg('11년 5월)으로 약 1.9배 높았다(농산물유통정보, 2011). 그러나 판로를 확보하지 못한 유기농 딸기의 경우 오히려 일반 농산물보다 낮은 가격을 받는 경우도 있어 친환경 재배 면적이 급격히 늘지는 않는 실정이다.

Ⅰ. 딸기 품종

유기농 딸기는 전문인증기관의 엄격한 기준에 의거하여 인증받은 농가에서 생산된 딸기이며, 포장지에 다음과 같은 유기농산물 인증마크로 표기한다.

표 1. 유기농산물의 기준과 표시

인증기준	– 유기합성농약과 화학비료를 사용하지 않고 재배한 농산물 (전환기간: 다년생 작물은 3년, 그 외 작물은 2년)	
인증마크 및 표 시	기존 로고 새로운 로고	– 유기농산물, 유기축산물 또는 유기○○ (○○는 농산물의 일반적 명칭으로 한다) – 예: 유기재배 딸기 – 기존 로고는 2013년까지 병행 사용

출처: 국립농산물품질관리원

1. 재배 작형별 적합 품종

- **촉성 재배**: 매향, 설향, 금향, 선홍, 장희(아키히메), 육보(레드펄), 도치오토메 등
- **초촉성 재배**: 매향, 장희(아키히메)
- **반촉성 재배**: 육보(레드펄), 사치노카 등

표 2. 주요 재배 품종의 변화

구 분	1990년 이전	1990년대	2000년대 이후
촉성, 초촉성	정보	정보, 여봉, 미홍	매향, 설향, 금향, 장희, 육보
반촉성	보교조생, 수홍, 여홍	여봉, 여홍, 수홍, 보교조생	육보, 사치노카

출처: 원예연구소(2007)

표 3. 국내에서 재배되는 품종의 주요 특성

품 종	과 형	과 색	저온요구량(시간)	적응 작형	경도
매 향	장원추형	진홍색	약 50	촉성	강
설 향	원추형	선홍색	100~150	촉성	약
금 향	원추형	진홍색	약 200	촉성, 반촉성	강
조 홍	원추형	선홍색	약 100	촉성	강
선 홍	장원추형	선홍색	약 100	촉성	중
장 희	장원추형	선홍색	50~100	초촉성, 촉성	약
육 보	난원형	선홍색	250~300	촉성, 반촉성	강
도치오토메	원추형	선홍색	200	반촉성	강
사치노카	장원추형	선홍색	250~300	반촉성	강
여 봉	원추형	선홍색	250	촉성, 반촉성	강

출처: 원예연구소(2007)

Ⅱ. 품종의 특성

1. 국내 육성 품종의 특성

+ 매향

- 잎은 두껍고 조직이 치밀하며 수명이 길다.
- 휴면타파 요구시간은 50~100시간으로 촉성 재배에 적당하다.
- 화방은 굵고 긴 편이며 과실은 장원추형 대과이다.
- 과실이 단단하며 맛과 향이 좋다.
- 추위에 약하여 냉해를 받게 되면 왜화되어 생육이 정지된다.

+ 설향

- 초세가 왕성하고 흡비력이 우수하다.
- 휴면타파에 요구되는 시간은 약 100~150시간이다.
- 꽃대가 짧으며 화방 끝에서 분지가 이루어진다.
- 과실은 선홍색으로 원추형이며 균일하고, 대과로 과즙이 많다.
- 흰가루병에 강하고, 잿빛곰팡이병 · 탄저병에는 약하나 장희, 매향 보다는 저항성이다.
- 자묘 발생량이 많고 런너선단이 고사하며 잎 끝이 잘 탄다.

+ 금향

- 초세는 강하며 육보에 비해 초장이 크고 화경이 약간 길다.
- 휴면타파 요구시간은 200시간으로 개화기와 수확기가 육보보다 약간 빠르다.

- 대과성이며 경도가 높고 과형은 원추형, 과색은 진홍색이다.
- 시들음병에 매우 약하고 흰가루병과 탄저병은 장희보다 저항성이다.
- 저온에서 생육이 나쁘고 기형과 발생이 높으며 추위에 약하다.

✚ 선홍

- 흡비력이 강하고 초세가 왕성하며 직립형이고 액아 발생이 많다.
- 휴면성은 약하여 장희와 비슷하다.
- 과색은 선홍색이며, 경도가 높고, 과형은 장원추형으로 대과성이다.
- 질소비료 과비 시 과실에서 선단불량과 발생이 우려된다.
- 흰가루병, 탄저병, 진딧물에는 약하며 응애는 적게 발생한다.

2. 일본 도입 품종의 특성

✚ 여봉

- 런너의 발생이 왕성하며 육묘가 쉽다.
- 정화방의 꽃눈분화는 9월 하순경, 휴면타파 요구시간은 250시간 이다.
- 과실은 경도가 높아 장거리 유통에 유리하다.
- 맛과 향이 좋은 품종이나 과실 크기는 작다.
- 흰가루병, 탄저병에 약하고, 잿빛곰팡이병에 중도 저항성이다.
- 잎벌레나 진딧물의 발생이 많다.

✚ 장희

- 촉성 재배나 초촉성 재배 등 조기생산 작형에 적당하다.
- 과육이 물러 저장성이 떨어진다. 따라서 3월 이후의 수확에는 적당하지 못하며 겨울에는 80~90%, 봄에는 70~80% 익었을 때 수확하는 것이 좋다.
- 뿌리의 세력이 약하고 지상부의 세력이 강하여 포트육묘나 높은 이랑재배에 적합하다.
- 해충에 대한 내성은 없으며, 탄저병과 흰가루병에 아주 약하고 진딧물이나 나방류의 발생도 많다.

✚ 육보

- 촉성 전조 재배에 적합한 품종이다.
- 반촉성 재배 시 휴면타파 요구시간은 250~300시간이다.
- 육질은 부드러우나 과피가 단단하여 장거리 수송에 적합하다.
- 여름 육묘기에 위황병이나 탄저병 발생이 많고, 초세가 약할 경우 흰가루병 발생이 많다.

✚ 도치오토메

- 휴면요구 시간은 150~200시간 정도이다.
- 저온기에 생육이 부진하며 전조재배에 적합하다.
- 과육이 매우 단단하여 저장이나 수송에 유리하다.
- 고온에 매우 약하여 육묘기에 고온이 되면 뿌리의 활력이 떨어지며, 시들음병이나 칼슘 결핍 등 병해 및 생리장해 발생이 많아진다.

Ⅲ. 유기재배 딸기 품종 연구

1. 작형별 적합 품종

- 유기농 촉성과 반촉성 재배에서 설향 품종의 수량이 높았고, 조기 출하도 타 품종에 비해 우수하였다.
- 유기농 촉성 재배에서 설향의 생육량이 비교적 좋았다.
- 유기농 반촉성 재배의 경우 설향과 매향의 생육이 우수하였다.

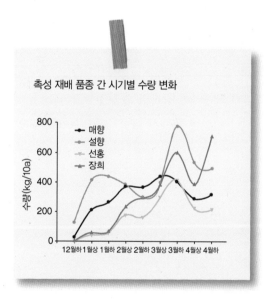

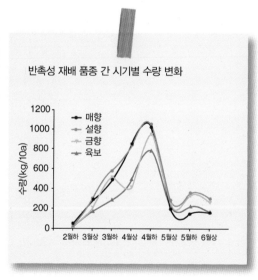

2. 병해충 저항성 품종

+ 진딧물 저항성

- 품종별 진딧물 발생은 재배 작형에 따라 차이가 있지만 촉성 재배의 경우 선홍〉장희〉매향〉설향 순이었고, 기타 해충 발생은 전반적으로 낮았다(원예연구소, 2007).

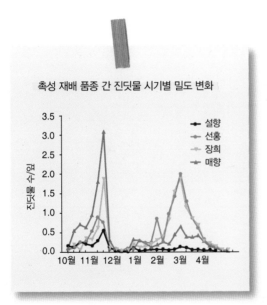

촉성 재배 품종 간 진딧물 시기별 밀도 변화

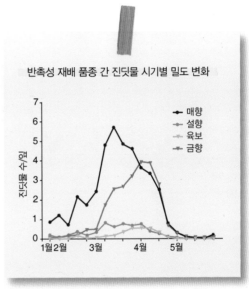

반촉성 재배 품종 간 진딧물 시기별 밀도 변화

✚ 흰가루병 저항성

- 반촉성 작형에서 흰가루병 발생은 금향〉육보〉매향〉설향 순이었으며, 설향 품종에서 강한 저항성을 보였다(원예연구소, 2007).
- 수경재배 시 설향, 육보 등이 다른 품종에 비해 상대적으로 흰가루병 발병률이 낮았다(전라남도 농업기술원, 2006).

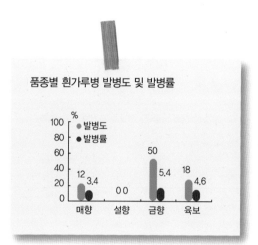

품종별 흰가루병 발병도 및 발병률

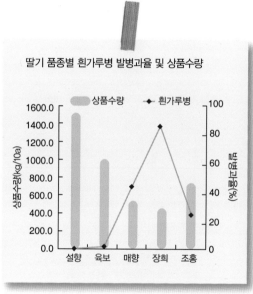

딸기 품종별 흰가루병 발병과율 및 상품수량

Part 02

·

육
묘

관
리

I. 재배작형별 육묘방법

1. 촉성 재배

- 노지 육묘나 무가식 육묘는 효과적인 꽃눈의 분화 및 촉진이 어렵다.
- 촉성 재배용 품종들은 탄저병에 약한 경향이 있어 인위적으로 환경을 조절할 수 있는 비가림하우스 내 육묘를 기본으로 한다.
- 포트육묘, 채근육묘 등 시비나 관수 조절이 쉬운 방법을 이용한다.

✚ 단기 냉장육묘

- 8월 중순~9월 상순경 육묘한 모종을 10~12℃의 저온창고에 넣어 꽃눈 분화를 유도하는 방법이다.
- 포트모종이 아닐 경우 10일 이상 처리 시 모종의 상태가 불량해질 수 있다.
- 포트에 심어진 채로 뿌리의 상토를 털지 않고 냉장하는 것이 가장 효과적이나 면적을 많이 차지하는 부담이 있다.

✚ 냉수(지하수) 처리

- 개체 간 효과는 불균일하나 경제적인 방법으로 야냉 육묘나 고랭지 육묘를 대체할 수 있다.
- 비가림하우스 내에서 소형 이중터널을 설치한 후 그 위에 지하수(15~16℃)를 살수하거나 보일러용 파이프를 이용해 근권 부위를 냉방한다.
- 흑색 또는 흑백비닐을 이용해 단일 처리를 함께하면 더욱 효과적이다.

✚ 단일 처리

- 8월 중순~9월 상순 사이에 약 20일간 두께 0.05mm 이상의 비닐을 오후 6시부터 다음 날 오전 8시까지 덮어 햇빛을 완전히 차단한다.
- 이때 냉수처리와 병행하지 않으면 고온장해를 받기 쉽다.

2. 초촉성 재배

✚ 단기 냉장육묘

- 포트육묘에서 조기에 채묘하여 큰 모종을 육성한 후 체내 질소농도를 감소시키고 냉장 처리해야 꽃눈 분화율을 높일 수 있다.
- 품종 간 차이가 있으나 냉장온도 10~15℃ 범위에서 꽃눈 분화가 가능하고, 15~30일간 처리한다.
- 단기 냉장육묘는 경제적이며 생력적인 방법이나 꽃눈 분화의 효과가 일정치 않고 냉장기간 중 모종의 영양소모 및 부패로 인한 무효주 발생 비율이 높은 것이 단점이다.

✚ 냉수(지하수) 처리

- 비용이 저렴하고 모종의 활력 저하가 적어 실용적인 방법이다.
- 수확 시기에 맞추어 처리하고, 10월 하순에 수확할 경우 7월 중순 경부터 처리를 시작한다.
- 단일 처리시간(17시~다음 날 9시) 동안 지하수를 이용한 수막을 만들어 주고 육묘상 내 파이프에 지하수를 순환시킨다.
- 터널 내부 온도가 17℃로 유지되면 약 25일 만에 정화방의 꽃눈 분화가 가능하다.

3. 반촉성 재배

가식육묘에 비해 노동력과 생산비 절감효과가 있는 무가식 육묘를 이용한다.

✚ 육묘포장

- 육묘포장은 배수가 양호한 처녀지를 이용하는 것이 좋다.
  - **정식시기**: 4월 초순~중순
  - **두둑 폭**: 200~250cm
  - **두둑 높이**: 20cm
  - **모주 간격**: 50~60cm
  - **정식 시 필요한 새끼모**: 10,000주/10a(모주: 250~300주)
- 여름철 장마기에는 병해충 관리에 신경을 쓴다.
- 정식 4개월 전후는 런너를 정리하고, 아래 잎을 제거하여 1차 뿌리 수가 많은 양질묘를 생산한다.
- 포기당 3~4매의 아래 잎이 육묘기간에 유지되도록 제초작업과 함께 제거하되 1주일에 1매 이상 제거하지 않는다.
- 모주는 노지에서 월동시켜 사용하는 것이 좋다.

II. 어미모 및 육묘포 관리

1. 무병모 이용

- 어미모는 탄저병과 시들음병에 감염되지 않은 모종을 이용한다.
- 가급적 조직배양에서 얻은 바이러스 무병모를 이용한다.
- 재배된 딸기는 바이러스 감염 우려가 있으므로 주기적으로 조직배 양묘로 교체하는 것이 좋다.

2. 월동된 어미모 이용

- 겨울과 같은 저온기를 거쳐 휴면이 완전히 타파된 것을 이용한다.
- 노지에서 1월 하순까지 월동시킬 경우 어미모 이용에 문제가 없으 나 이보다 일찍 정식할 경우 휴면 타파가 불완전하다.
- 시설 내 어미모는 보온 없이 저온을 경과한 것이면 무방하다.
- 딸기 재배 후 모종을 이용할 경우 병 발생이 많으므로 가급적 수확 한 어미모는 피한다.

3. 포트 한때심기(가식)모 이용

- 노지 월동모는 육묘포에 정식하기 전에 포트가식을 하여 뿌리의 세력을 확보하는 것이 좋다.
- 가식용 포트의 크기는 300~400mL가 적당하고, 상토는 오염되지

않은 밭 흙이나 시판상토 등을 이용한다.
- 가식은 본포 정식 20~30일 전에 실시한다.
- 3월 전 가식 시 미리 보온을 하여 뿌리의 생육과 새 잎의 발생을 유도한다.

4. 순꽂이모 이용

- 가을 본포에 정식한 모종에서 발생한 새끼모는 다음 해 어미모로 이용이 가능하다.
- 순꽂이모는 11월 이내에 모종을 받고 충분히 저온을 경과할 수 있는 시간을 준다.
- 새끼모 채취 후 뿌리가 충분히 발생할 때까지 야간에 보온하고 저온을 충분히 경과시킨다.

Ⅲ. 육묘포 조성

1. 육묘포 선정

- 물빠짐이 좋은 곳을 선정하고 배수로를 정비한다.
- 비가림 시설에서 육묘할 경우 여름에 고온장해를 입을 수 있으므로 통기가 좋은 곳을 선택한다.

2. 육묘포 비배 관리

- 본포에 비해 토양 내 양분 투입을 줄인다.
- 퇴비와 함께 유기물(짚, 부숙왕겨)을 충분히 시용하는 것이 좋다.
- 토양 시비 전에 토양의 양분상태를 점검한 후 양분 시비량을 결정하는 것이 바람직하며, 시비량 결정 시 다음 표를 참고한다.
- 질소, 인산, 가리는 유기재배용 재료를 사용한다.

표 1. 모주포(딸기 어미모) 포장의 기본 시비량			(단위: kg/10a)
종 류	밑거름	덧거름	비 고
퇴 비	2,000	–	전층 시비
질 소	8	2	
인 산	10	–	
칼 리	8	2	
고토석회	150	–	pH 6~6.5

출처: 2009 표준영농교본

3. 이랑 짓기

- 토양에서 런너를 받을 경우 이랑의 너비를 2~3m 정도로 충분히 마련해 준다.
- 이랑 중앙에 모주를 심을 때는 이랑의 폭은 넓고 포기의 간격은 좁게 하는 것이 좋다.
- 이랑의 한쪽으로만 모주를 심을 때는 이랑의 폭은 좁더라도 포기의 간격은 넓히는 것이 좋다.

- 포트육묘나 일시채묘 시 이랑 폭에 여유를 두는 것이 좋다.
- 이랑의 높이는 기계 작업이 가능한 범위에서 높이는 것이 좋다.

IV. 어미모 정식

1. 정식시기

- **노지육묘**: 4월 이전의 정식은 피한다.
- **비가림하우스**: 2~3월에 정식이 가능하다.

표 2. 작형 및 정식시기에 따른 육묘포 재식거리				(단위: cm)
정식기 / 작형	2월	3월	4월	5월
초촉성	60	50	40	20
촉 성	80	60	50	30
반촉성	–	80	60	40

2. 정식요령

- 정식 시 포트의 흙을 털어내고 심는 것이 원칙이나 가급적 뿌리가 손상되지 않도록 한다.
- 최소한 포트 상부의 상토라도 떼 내고 심으면 새 뿌리의 발근에 좋다.

- 정식 후 충분히 관수하여 활착을 돕는다.
- 고랑에 물을 대는 방식은 관수가 번거롭고 잡초 발생이 많아 좋지 않다.

V. 육묘방법

1. 노지육묘

- 국내 육묘 면적의 대부분을 차지하나 면적이 넓어 제초에 상당한 노력과 비용이 소모된다.
- 단위면적당 자묘생산 수가 적다.
- 탄저병이나 해충의 발생이 많아 방제노력이 많이 들고 효율적인 관리가 어려워 점차 비가림 육묘로 바뀌고 있다.

2. 비가림육묘

- 강우로 인한 탄저병 발생을 줄일 수 있다.
- 멀칭 시 제초노력이 절감된다.
- 모주 정식이 가능하고 공중 채묘나 포트 일시 채묘기술 등의 적용이 용이하다.
- 대량 채묘가 가능하여 육묘 면적을 줄일 수 있다.

• 시설 내에서 재배되므로 흰가루병이나 응애 등의 발생이 많다.

✚ 공중육묘

　1m 이상 높이의 공중 육묘상에 모주를 심어 런너를 공중에 유인한 다음, 삽목 혹은 포트 등으로 채묘하는 방법이다.

✚ 토양육묘

• 비가림 시설 내의 토양에 모주를 정식하는 방법이다.
• 채묘방법에 따라 다음과 같이 분류된다.
　– **포트채묘**: 포트에 올리는 방법
　– **채근채묘**: 멀칭 위에 흙을 덮어 뿌리의 범위를 제한하는 방법
　– **토양채묘**: 노지와 같이 발생하는 그대로 땅에 유인하는 방법

Part 03

•

토
양
관
리

Ⅰ. 토양조건

1. 산도 (pH)

- 딸기 생육의 적정 pH는 6.0~6.5이다.
- 딸기는 산성토양에 강하여 pH 5.0 이상만 되면 정상적인 생육을 할 수 있다.
- pH 5.0 이하의 강산성 토양에서는 속잎의 전개와 발육이 나쁘고 식물체의 위축현상이 발생한다.

2. 전기전도도 (EC)[1]

- 딸기는 내염성에 약하여 생육에 적합한 전기전도도(EC)는 1.0~1.5dS/m 이내이다.

3. 수분

- 딸기는 수분을 좋아하는 채소이나 개화기에는 약간 건조한 편이 좋다.
- 개화 후 수확기까지는 대체로 다습한 조건이 과실의 비대에 좋으나 수확기에 땅이 다습하면 병해 발생이 많다.

---

1 전기전도도: 물질이 전류를 흐르게 할 수 있는 능력으로 토양에서는 염류가 많을수록 수치가 높아 염류집적 정도를 알 수 있다.

- 월동기간에는 수분요구량이 크지 않다.
- 짚, 건초, 낙엽 등의 피복 재료를 이용하면 수분의 지나친 증산을 억제하고 안전하게 월동할 수 있다.

4. 통기성

- 토성을 별로 가리지 않는 편이나 통기와 보수력이 좋고 비옥한 양토에서 생육이 가장 좋다.

표 1. 딸기 재배에 적합한 토양 형태 및 물리성

지형	경사	토성	토심	배수성
평탄지~곡간지	0.7%	사양토~식양토	50cm	양호~약간 양호

표 2. 딸기 재배에 적합한 토양 화학성

pH (1:5)	OM (g/kg)	Av. P_2O_5 (mg/kg)	Ex. (coml$^+$/kg)			CEC (cmol$^+$/kg)	EC (ds/m)	NO_3 N (mg/kg)
			K	Ca	Mg			
6.0~6.5	20~30	350~450	0.70~0.80	5.0~6.0	1.5~2.0	10~15	1.2 이하	50~150

II. 토양비옥도 관리

※ 토양비옥도 관리의 기본
- 토양의 건전성과 생물학적 활성을 유지한다.
- 건전성을 직접 평가해 본다. 토양 감촉과 냄새 등을 확인해 본다.

- 다음 사항을 고려해 본다.
  - 피복작물이나 윤작을 이용할 수 있는가?
  - 농경지 근처에 작물에 필요한 영양을 공급하기 위해 사용할 수 있는 유기물원이 있는가?
  - 유기질비료나 토양개량제를 사용하기 전에 성분분석을 먼저 실시한다(작물이 필요로 하는 양분 수준을 파악함으로써 양분 처리 비용을 줄일 수 있다).
  - 퇴비는 다루기 쉽고 냄새도 적으며 부피도 작으나 값이 비싸므로, 스스로 만들어 쓰면 비용을 줄일 수 있다. 축분보다 식물에 대한 양분 공급 효과는 낮으나, 느리게 분해되므로 양분 손실을 최소화할 수 있다.
- 많은 종류의 식물이 피복작물이나 녹비작물로 활용될 수 있다.

1. 작형별 양분 요구량

- 딸기는 꽃눈 분화를 위해 적절한 저온처리와 영양공급이 필수조건이다.
- 꽃눈이 분화하는 가을 적기에 영양을 공급해 주기 위해서 늦은 여름에 양분공급을 해 줘야 한다.
- 본포의 양분요구량은 토양비옥도와 딸기 품종, 전작물의 종류에 따라 다르나 일반적인 경우는 다음 표와 같다.

표 3. 딸기의 표준시비량(시설재배)　　　　　　　　　　　　　　　(단위: kg/10a)

종 류	밑거름	덧거름
질 소	3.5	6.1
인 산	4.9	
칼 리	5.6	1.8
퇴 비	2,000	
석 회	200	

출처: 2010 작물별 시비처방기준
※ 퇴비: 양질의 볏짚 또는 산야초로 만들어진 퇴비 기준

✚ 촉성 재배–정식

- 정식 전 토양은 태양열 소독을 하여 병해충 및 잡초 발생을 억제한다.
- 단동 하우스의 경우 밑거름 처리 후 이랑을 만든다.
- **이랑 폭**: 100~120cm, **이랑 높이**: 40cm, 2줄 심기
- **재식거리**: 줄 간격 25cm, 포기 간격 40cm
- 4~5포기를 무작위로 선정해 모든 포기가 확실히 꽃눈 분화가 시작된 것을 확인한 후 바로 정식한다.

✚ 반촉성 재배–정식

- 정식 전 토양은 촉성 재배와 같은 방법으로 처리한다.
- **이랑 폭**: 100~120cm, **이랑 높이**: 35cm 이상, 2줄 심기
- **재식거리**: 줄 간격 15cm, 포기 간격 30cm
- 벼 후작으로 재배하는 경우 전작에서 생산된 볏짚 전량을 딸기 재배지에 투입하는 것이 좋다.

- 고랑에는 뿌리지 않고 두둑에만 뿌린다.
- 퇴비 처리 비율은 0.8~2.5톤/10a 정도이나 토양분석 후 조절한다.
- 지렁이 분변토를 이용해 만든 퇴비가 딸기 수확량 증대에 기여했다는 연구결과가 있다(ATTRA, 1998).

✚ 유기퇴비 제조방법

(1) 원료 준비 및 특성

- 유기퇴비 제조에 사용되는 유기물 원료로는 농산부산물, 수산부산물, 임산부산물, 각종 산야초 및 점토광물들이 있다.
  - **주재료(유기물 공급원):** 볏짚, 파쇄목, 산야초 등
  - **부재료(양분 공급원):** 쌀겨, 깻묵, 식물성 유박 등

표 4. 주요 유기물 자원별 이화학적 특성 및 성분 함량(건물 기준)

유기물원		pH	EC (dS/m)	OM (g/kg)	T-N (%)	C/N율	P_2O_5 (%)	K_2O (%)
볏 짚		6.4	1.86	893	0.67	77	0.28	0.89
파쇄목		6.3	2.36	930	0.12	450	0.03	0.39
수 피		4.6	0.51	908	0.31	170	0.52	0.73
톱 밥		4.9	0.42	939	0.08	680	0.12	0.19
폐배지		4.9	3.18	926	1.25	43	0.69	0.47
유 박		5.6	2.95	877	6.50	7.8	3.01	1.36
쌀 겨		6.1	3.47	907	2.25	23	4.31	2.57
돈 분		6.1	17.28	782	2.25	20	3.28	1.08
산야초	갈 대	5.7	9.63	895	2.84	18	3.02	1.76
	억 새	6.0	11.40	922	3.58	15	1.87	1.84
	칡 잎	6.2	9.48	916	2.86	19	0.37	2.37
	떡갈나무	4.3	6.64	929	2.37	23	0.88	1.60

(2) 제조과정

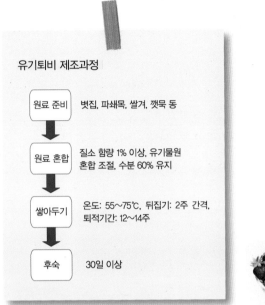

유기퇴비 제조과정

원료 준비	볏짚, 파쇄목, 쌀겨, 깻묵 등
원료 혼합	질소 함량 1% 이상, 유기물원 혼합 조절, 수분 60% 유지
쌓아두기	온도: 55~75℃, 뒤집기: 2주 간격, 퇴적기간: 12~14주
후숙	30일 이상

(3) 퇴비원료

- **중산간지대**: 임산부산물
  - **종류**: 톱밥, 수피, 파쇄목, 대팻밥, 산야초 등
  - **특징**: 유기물 함량이 높고, 질소 함량이 낮아 비료적 가치가 낮으나 흡습성과 통기성이 양호하여 토양 물리성 개량제로 가치가 크다.
- **평야지대**: 농부산물
  - **종류**: 볏짚, 왕겨, 보릿짚 등
  - **특징**: 유기물이 풍부하여 자원 확보가 용이하고 양질의 퇴비 원료로 적절하다.

(4) 혼합방법

- **중산간 지대**: 수피 또는 파쇄목과 깻묵을 7:3 비율로 혼합한다.
- **평야지대**: 볏짚과 쌀겨를 7:3 비율 또는 볏짚과 깻묵을 8:2 비율로 혼합한다.
- 기타 농가부산물, 해산부산물, 미생물제, 용성인비 등을 첨가하여 양분을 공급한다.
- 주재료와 부재료를 층층이 혼합(질소 1% 이상 함유)한다.
- 수분은 50~60%로 유지(손으로 쥐어서 물이 스며 나올 정도)한다.

퇴비 원료들

퇴비 원료(농부산물)

(5) 쌓아두기

- 퇴비더미는 공기가 잘 통하여 퇴비화 과정이 충분히 일어날 수 있도록, 폭 2m, 높이 1m 이상 되지 않도록 야적한다.
- 빗물에 의한 유출수 방지 및 보온을 위하여 퇴비 더미 위에 비닐 등으로 덮어준다.

퇴비 야적

(6) 뒤집기 작업

- 퇴비화 과정을 촉진시키고 퇴비원료 혼합으로 균질한 부숙을 위하여 약 2주 간격으로 퇴비 뒤집기를 실시하는 것이 좋다.

퇴비 뒤집기

✚ 퇴비의 부숙도 검사 요령(표준영농교본-89, 2002)

(1) 관능검사

- **형태**: 부숙이 진전됨에 따라 형태의 구분이 어려워지며 완전 부숙 시 잘 부스러지고 원재료를 식별하기 힘들다.
- **색깔**: 종류에 따라 다양하나 보통 검은색으로 변하고 퇴비더미 속 (혐기상태)에서 부숙된 것은 누런색을 띤다.
- **냄새**: 종류에 따라 다양하나 볏짚이나 산야초 등은 완숙 시 퇴비 고유의 향긋한 냄새가 나고, 가축분뇨는 악취가 사라진다.

(2) 온도검사

- 퇴비 제조 시 퇴비 온도가 60℃ 전후까지 상승하면 2주 간격으로 뒤집기를 한다. 완숙된 퇴비는 온도변화가 거의 없고, 미부숙 퇴비는 30℃ 이상 온도 상승이 일어난다.

(3) 돈모장력법

- 돈분을 이용해 퇴비 제조 시 그중 함유된 돼지털의 장력을 통해 퇴비 부숙도를 판정한다.
  - **미숙**: 잘 끊어지지 않음
  - **중숙**: 힘 있게 잡아당기면 끊어짐
  - **완숙**: 돼지털의 탄력이 없어지고 잡아당기면 쉽게 끊어짐

표 5. 볏짚 및 산야초 퇴비 부숙도 판별법

구 분	미 숙	중 숙	완 숙
색 깔	황갈색	갈 색	암갈색
탄력성	없 음	거의 없음	다소 있음
냄 새	많 음	다소 있음	없 음
촉 감	거 침	다소 거침	부드러움
강도(손으로 비틀 때)	안 끊어짐	잘 끊어짐	쉽게 끊어짐

※ 완숙 후에는 수분 40~50%(손으로 꼭 쥐어서 물기가 배 나오지 않는 정도)

Ⅲ. 녹비작물의 이용

1. 녹비작물의 효과

✚ 토양 물리성 개선
- **토양의 입단화 형성효과**: 유기물을 투여함으로써 토양이 부드러워
  지고 보수성이 좋아진다.
- **침투성 개선효과**: 심근성인 콩과 녹비작물의 뿌리는 토양에 깊이
  뻗어가므로 토양을 경운하는 효과를 주어 배수성을 개선한다.

✚ 토양 화학성 개선
- **보비력 증대**: 토양에 섞인 녹비작물은 미생물에 의해 분해되어 부
  식이 되고, 부식에는 칼슘, 마그네슘, 칼륨, 암모니아태질소를 유
  지하는 힘이 있기 때문에 토양의 보비력이 증대된다.
- **염류집적 억제**: 시설하우스 내 과잉염류를 녹비작물이 흡수하여 추
  출함으로 염류집적을 방지한다.
- **토양 중 질소 고정**: 콩과의 녹비작물은 근균류의 활동으로 공기 중
  의 질소를 고정하여 토양을 비옥하게 한다.

✚ 토양 생물성 개선
- **풍부한 토양 미생물상 형성**: 녹비작물의 뿌리로부터 나오는 분비물
  과 갈아엎은 녹비를 먹이로 한 풍부한 유용미생물의 밀도가 높아
  진다.

- **염류 경감 및 병해충 억제**: 채소 등의 주작물과 녹비작물의 윤작을 체계화함으로써 토양염류장해를 경감할 수 있으며 선충과 토양 병해를 억제한다.

✚ 환경 개선
- **경관 미화**: 콩과 및 십자화과는 토양 개량과 함께 아름다운 꽃을 볼 수 있어 주위의 경관을 아름답게 한다.

2. 딸기 재배 시 유용한 녹비작물

- 화본과(하우스솔고), 콩과(네마장황, 네마황) 이용(원예연구소, 2006)
  - 재배 후 토양 내 EC 경감효과가 있다.
  - 토양 내 유기물 함량 증대효과가 있다.
  - 네마장황의 질소 환원율과 EC 경감률이 비교적 높았다.
- 화본과 작물과 콩과작물을 혼합하여 이용하면 멀칭재배 효과가 있다(ATTRA, 2007).
  - 피복작물 또는 녹비작물로 이용 시 잡초 억제효과가 있다.
  - 토양비옥도와 유기물 함량을 증대시킨다.
- 딸기 전작 작물로 녹비작물 이용 시, 비닐피복 재배의 경우 화본과인 네마감초와 하우스솔고, 비닐 무피복 재배의 경우 네마장황(두과)과 화본과 식물을 혼식하면 염류 경감 효과와 함께 질소 성분을 다량 얻을 수 있다(전라남도 농업기술원, 2007).

✚ 네마장황

• **특성**

– 초기생육이 매우 빠르고 공중질소를 토양에 고정해 주므로 질소
시비량을 줄일 수 있다.

네마장황

네마장황 종자

• **파종기**

– **고랭지**: 6월 상순~7월 하순

– **일반지**: 5월 중순~8월 중순

– **제주도**: 2월 하순~9월 하순

• **파종량**

– 6~8kg/10a(산파)

• **양분이 없는 개간지의 경우 양분 요구도**

– 질소 3, 인산 10, 칼리 10(kg/10a)

• **토양환원**

– 초장 1.5m(50일) 전후에 갈아엎거나 5~10cm 정도로 잘게 썰어
갈아엎는다.

- 후작물 심기 전에 로터리 경운을 2~3회 실시한다.
- 부숙 기간은 2~3주 이상이다.
- 네마장황 재배는 3~5kg/10a 정도의 질소시비량을 줄일 수 있다.

✚ 하우스솔고

- **특성**
  - 질소, 칼리의 흡수력이 매우 강해 토양의 과잉염류 제거에 효과 적이다(토양염류 제거: 8~12kg/10a).

하우스솔고

하우스솔고 종자

- **파종기**
  - **고랭지**: 6월 상순~7월 하순
  - **일반지**: 5월 중순~8월 중순
  - **제주도**: 2월 하순~9월 하순
- **파종량**
  - 4~5kg/10a(산파)
- **양분이 없는 개간지의 경우 양분 요구도**
  - 질소, 인산, 칼리 각 5kg/10a

- **토양환원**
  - 초장 1.5~2.0m일 때 5~10cm 정도 크기로 잘라 갈아엎는다.
  - 후작물 심기 전까지 2~3회 정도 로터리 작업을 실시한다.
  - 부숙 기간은 3~4주 정도이다.

Ⅳ. 윤작의 이용

- 윤작은 유기재배의 기본으로 토양건전성 유지 및 증진에 필수적 실천사항이다.
- 윤작은 병해충과 잡초를 줄이고 토양비옥도와 토양경도 및 구조의 증진, 토양침식 억제와 물 관리에 도움을 준다.
- 피복작물, 콩과작물, 화본과 등을 윤작작물로 추천한다.
- 토마토, 감자, 고추, 가지와 같은 가지과 작물은 시들음병원균 (*Fusarium oxysporum*)을 증식시킬 수 있으므로 윤작을 피한다.
- 브로콜리 잔사를 토양에 환원했을 때 시들음병(*Verticillium dahliae*)을 억제하고, 윤작했을 때 병 억제에 도움을 줄 수 있었다 (ATTRA, 2007).

V. 토양 관리를 위한 유기자재의 활용

1. 토양 양분공급 유기자재

　　토양에 투입되는 유기자재는 토양의 수분, 산도 등이 정상범위에 있을 때만 제 역할을 할 수 있다. 즉, 토양을 건전하게 가꾼 상태에서 적절한 효과를 줄 수 있다.

　　전통적인 토양 관리 방법이 아닌 생물학적 · 과학적 원리에 기초하여 개발된 토양처리제의 경우 대부분 가격이 높으므로 경제성을 검토한 후 사용한다(ATTRA, 2001).

　　농민들은 제품을 이용하기 전에 소규모 검정 시험을 통해 농장 내 토양에서의 효과를 확인해 본 후 이용하는 것이 현명하다.

- **질소**
  - 최소요구량은 퇴비와 녹비로 공급할 수 있다.
  - 부족한 양분은 다음과 같은 질소원을 이용할 수 있다.
  - 구아노, 생선액비, 혈분, 깃털분, 알팔파분, 해조분 등
- **인산**
  - 퇴비와 녹비로 인을 공급할 수 있다.
  - 추가로 필요한 경우 인광석을 이용한다.
- **칼륨**
  - 퇴비와 녹비를 기본적으로 이용한다.
  - 추가로 필요한 경우 다음과 같은 칼륨원을 이용한다.
  - 유기 축사에 이용한 짚, 화강암 분말, 랑비에나이트(Langbeinite), 해조분, 나뭇재(플라스틱이나 칼라종이에 오염되지 않은 것) 등

- **미량영양소**
  - 유기물 함량이 적절한 토양은 미량영양소를 충분히 공급할 수 있으나 부족한 경우 퇴비와 해조제품 등이 미량원소를 공급해 줄 수 있다.

Part 04

•

재
배

관
리

Ⅰ. 딸기의 일반적인 특성

1. 딸기의 구성

- 딸기는 잎, 뿌리, 관부로 구성되며 관부에서 잎, 뿌리, 런너 및 화방이 출현한다.
- 다년생 초본으로 5~10년까지 수확 가능하며 1~3년차에 수량이 최고이다.
- 개화결실 후 관부에서 런너가 발생하며 런너의 끝에 생기는 새끼모로 번식하여 첫해 심는 거리가 좁으면 다음 해 자주가 밭을 꽉 채워버리므로 주의한다.
- 국내에서는 주로 매년 모종을 갱신하여 재배하는 방식을 이용한다.

2. 꽃눈 분화

- 저온과 단일에 의해 생장점에서 분화된 후 고온과 장일조건에서 발육한다.
- 꽃눈 형성 시 현미경 또는 육안으로 관찰이 가능하다.
- 최소한 잎이 3장 이상이 되어야 저온과 단일에 감응해 꽃눈 분화가 시작될 수 있다.

표 1. 자연적 꽃눈 분화 시기

시 기	화방 분화	특 징
9월 하순~10월 상순	제1화방	꽃눈 분화 시작
11월 중순경	제2, 3화방 분화	
11월 하순경		기온 하강 후 휴면 돌입
다음 해 4월경		휴면 타파 후 생장 개시

표 2. 인위적인 꽃눈 분화 조건

온 도	일 수	단일 조건	특 징
5~10℃	10일	관계없음	꽃눈 분화
5~25℃	15일	8~10시간	꽃눈 분화
5℃ 이하			휴면
30℃ 이상			고온장해 (꽃눈 분화 안 됨)

3. 휴면

- 고위도 지방의 한지형 품종은 휴면이 길고, 저위도 지방의 난지형 품종은 휴면이 없거나 얕다.
- **한지형 품종**
  - 가을에 휴면에 돌입하고 11월 하순에 가장 깊으며 1월 하순~2월 상순에 완전 타파하여 봄에 생육이 개시된다.
- **난지형 품종**
  - 촉성ㆍ반촉성 재배용으로서 인위적으로 휴면 타파하지 않으면 수량과 생육이 크게 떨어진다.

4. 개화 및 결실

- 한 화방에 20~40개 정도가 결실되면 영양흡수 경쟁을 하므로 적당히 열매를 솎아 주어야 수량에 좋다.
- **개화기~성숙기**
  - 촉성 재배 50~70일, 반촉성 재배 40~50일, 4~5월에는 30일 전후
  - 600~1,000℃의 적산온도를 요구한다.

5. 런너의 발생

- 수확 후 밤 온도 17℃ 이상, 낮 길이 12시간 이상 시 어미포기 관부에서 런너가 발생한다.
- 주로 5~6월경, 관부에서 20~50개 정도까지 발생한다.
- 수확에 이용한 포기는 런너 발생이 잘 안 되고, 병해충 피해 가능성이 있으므로 무병모종을 이용하여 새끼모를 증식하는 것이 좋다.

Ⅱ. 재배작형

1. 촉성 재배

- 수익성은 높지만 관리노력이 많이 필요한 작형이다.
- 9월 중하순경 정식한다.
- 10월 중하순경 휴면에 들기 전에 피복 및 보온을 개시하여 무휴면 상태로 재배한다.
- 12월 중하순경 수확을 개시한다.

2. 초촉성 재배

- 장기수확이 가능하고 소득이 높은 반면 육묘가 힘들고 연속수확이 어려운 작형이다.
- 자연적 꽃눈 분화 전에 야냉육묘나 수냉처리 등을 이용하여 인위적으로 꽃눈을 분화시키고 수확을 12월 이전으로 앞당긴다.

3. 반촉성 재배

- 9월 하순~10월 상순에 정식 후 품종에 따른 휴면기간을 거쳐 휴면이 타파된 후 보온을 시작한다.
- 보통 11월 중하순~12월 초순에 보온을 시작하여 2월에 수확한다.

- **정식**: 9월 하순~10월 상중순
- **보온**: 11월 하순~12월 중순
  - 자발휴면의 완전타파를 방지하고 반휴면 상태를 유지하는 것이 중요하다.
  - 품종 및 지역에 따라 보온시기를 결정하여 보온한다.
    (여봉: 11월 하순, 육보(레드펄): 11월 하순~12월 상순)
- **수확**: 2월경~6월 중순

Ⅲ. 온도 관리

1. 촉성 재배

- 10월 중순 기온 저하 시 가온을 통해 휴면을 방지한다.
- 하우스 비닐피복은 10월 중순(중부), 10월 하순(남부)에 실시하고, 11월 초중순에는 이중 비닐피복을 한다.
- 혹한기에는 수막재배 시설을 이용한다.
- 개화기에 화분매개 곤충을 이용, 액화방 또는 작은 꽃은 적절히 제거한다.

표 3. 촉성 재배 하우스 온도 관리

생육단계	주간(℃)	야간(℃)	비 고
생육촉진기	28~30	10~13	보온 초기에 액화방이 분화되므로 낮 30℃ 미만 밤 13℃ 미만이 되도록 유지한다.
출뢰기	25~26	8~10	
개화기	23~25	5~8	
과실비대기	20~23	5~7	
수확기	20~23	5	

출처: 딸기표준영농교본 40

※ 기형과 발생 방지

- 12월~1월 저온, 2월 하순~4월 초순 고온 방지 온도 조절
- 개화 10~20% 진행 시 하우스 내 벌통 설치(10,000마리(1통)/10a)

딸기 하우스 내 벌통 설치 모습

2. 초촉성 재배

- 딸기의 꽃눈분화는 저온과 함께 단일조건 하에서 촉진된다.
- 자연조건에서 대부분의 품종은 9월 하순~10월 초순경에 꽃눈이 분화된다.

표 4. 꽃눈 분화와 온도의 관계

온 도	꽃눈 분화에 미치는 영향
10~25℃	촉 진
25~30℃	효과 없음
5℃ 이하, 30℃ 이상	저 해

출처: 딸기표준영농교본 40, 농촌진흥청

3. 반촉성 재배

표 5. 하우스 내 온도 관리

생육단계	주간온도(℃)	야간온도(℃)
보온개시기	30~35	10~13
출뢰기	28~30	8~10
개화기	25~28	5~8
과실비대기	23~25	5
수확기	20~23	5

Ⅳ. 물 관리

딸기는 약간 습한 토양을 좋아하며 건조에 약한 채소이다.

······ 유기재배지에서의 물 관리 기본 ······

효과적인 작물 생산과 수질의 보호를 위해 토양유기물과 토양생물들의 활동이 필수적이다. 이를 위해 다음 사항을 고려한다.

- **토양 유기물을 증가시킨다.**
- 물이 고이거나 토양이 침식되지 않도록 보존방법을 강구한다.
- 작물재배지와 물의 근원지 사이의 양분과 토사의 이동방지를 위해 **완충지를 만든다.**
- **관개수를 관리하고 모니터링한다.** 양분 흡수를 증대시키는 방법을 실천하고 양분의 용탈을 경감시킨다.

Part 05

병해충·잡초 관리 및
생리 장해

I. 병해 관리

1. 시들음병 (Fusarium Wilt)

✚ 병원균과 병징

- **병원균**: *Fusarium oxysporum* sp. *fragariae*
- 처음 세 개의 작은 잎의 안쪽 모서리 한 장이 황화하고 소형화되며 병이 진행될수록 일그러진다.
- 하위 엽부터 갈변, 고사하고 심하면 포기 전체가 고사한다.

시들음병 지상부

시들음병 지하부

✚ 발병조건 및 전염경로

- 토양을 통해 전염, 식물체 잔재에서 월동한 후 잔뿌리로 침입한다.
- 16℃ 이하에서는 발병되지 않고, 25~28℃에서 발생하기 쉽다.
- 시설재배의 경우 보통 2~3월 이후 기온의 상승에 따라 발생한다.

✚ 방제방법

- 무병지의 딸기묘를 이용하고, 채묘상은 딸기를 심지 않는 곳을 선택한다.
- 태양열을 이용한 토양 소독을 한다(93페이지 참고).

  ※ 쌀겨나 밀기울 처리하여 태양열 소독을 하면 효과가 더 좋다.

2. 역병(Phytophthora Root Rot)

✚ 병원균과 병징

- **병원균**: *Phytophthora nicotianae*
- 왕성한 생육기 식물체는 위축되고, 하엽은 적갈색으로 보이며, 어린잎은 퇴색되어 다양한 색깔을 띤다.
- 병든 포기의 과실은 작고, 포복지 형성도 불량하다.

딸기 역병에 감염된 포기

✚ 발병조건 및 전염경로

- 병원균은 토양에서 생존하고 기주의 뿌리 등을 통해 침해한다.
- 전염원은 주로 육묘상에서 오염되어 재배포장으로 유입된다.
- 토양 배수의 불량, 장기간 과습 등의 원인으로 병 발생이 촉진된다.
- 병원균은 병든 식물의 조직에서 균사나 난포자 상태로 월동한 후 발아하여 1차 전염원이 된다.

✚ 방제방법

- 발병지에서는 채묘와 육묘를 피하고 무병지를 선정하여 건전한 모를 양성한다.
- 저습지에 재배할 경우 배수구를 깊게 파서 침수를 방지하고 이랑은 높게 만들어 물로 인한 피해가 없게 한다.
- 예방적 관리방법으로 윤작(49페이지 참고), 퇴비시용, 태양열소독(93페이지 참고)을 이용한다.

3. 잿빛곰팡이병(Gray Mold)

✚ 병원균과 병징

- **병원균**: *Botrytis cinerea*
- 주로 과실에서 발생하며 잎, 잎자루, 꽃받침, 과경 등에도 발생한다.
- 과실에 작은 수침상의 담갈색 병반으로 나타나고 진전되면 부패한다.
- 부패된 과실은 잿빛의 분생포자로 뒤덮인다.
- 화방에서 시작되어 잎으로 병이 전이된다.

딸기 잿빛곰팡이병

✚ 발병조건 및 전염경로

- 하우스, 노지에서 발생하고 딸기에서 가장 중요한 병해이다.
- 병원균은 비교적 저온(20℃ 전후), 다습 조건에서 발생하기 쉽다.
- 시설재배 시 습도가 높을 때, 노지에서는 장마 시에 다발생한다.

✚ 방제방법

- 다비, 밀식을 피하고 하우스 및 터널의 경우 가능한 한 통풍을 잘 하여 다습을 막는다. 공기순환팬 이용한다(91페이지 참고).
- 비닐 및 폴리에틸렌 필름으로 멀칭하면 예방효과가 높다.
- 병에 감염된 잎이나 과실은 포장에서 가능한 한 빨리 제거한다.
- 베이킹파우더를 이용할 수 있다(90페이지 참고).

4. 탄저병(Anthracnose)

➕ 병원균과 병징

- **병원균**: *Glomerella cingulata, Collectotrichum gloeosporides*
- 관부는 적갈색, 암갈색으로 변색되고 심하면 내부까지 썩어 들어간다.
- 지상부는 감염된 잎부터 말라 죽고, 심하면 포기 전체가 말라 죽는다.
- 잎자루와 포복경은 적갈색, 암갈색의 방추형 병반이 형성되고 병진전 시 병반이 둘레를 따라 커지면서 흑색으로 변한다.

➕ 발병조건 및 전염경로

- 25~28℃, 다습조건일 때 발병이 조장된다.
- 질소질 비료의 과용으로 포기가 도장된 경우, 배수가 불량한 토양에서 발생이 많다.
- 토양전염을 하며 빗물에 의해 병원균 포자가 쉽게 전염된다.

딸기 탄저병에 감염된 관부의 변색

 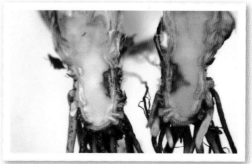

✚ 방제방법

- 무병주를 모주로 이용하고 발병주는 조기에 제거한다.
- 육묘 시 비가림 시설을 이용하며, 가능하면 두상관수 등 흙이 물에 튀는 관수방식을 피한다.
- 육묘포장은 질소의 과용을 피하고 배수구를 깊게 파 물 빠짐이 좋게 한다.
- 감염된 식물체는 완전히 태워 제거하고, 육묘 중 아래 잎을 제거할 때 제거 부위로 감염될 수 있으므로 잎 제거는 맑은 날 실시한다.

5. 흰가루병(Powdery Mildew)

✚ 병원균과 병징

- **병원균**: *Sphaerotheca humuli*
- 잎, 과실, 과경에 발생
- 잎 뒷면에 흰색 균총이 출현하고 과실은 흰가루를 뿌려 놓은 것처럼 보인다.
- 어린 과실의 비대 억제 및 경화, 과실에 발생 시 상품가치가 떨어진다.

딸기 흰가루병에 감염된 과실과 잎의 증상

✚ 발병조건 및 전염경로

- 병원균은 병든 식물체의 잔재에서 균사나 분생포자의 형태로 월동하여 1차전염원이 되는 것으로 추정된다.
- 주로 봄과 가을의 시설재배에서 많이 발생하며, 여름에는 발생하지 않는다.

✚ 방제방법

- 저항성 품종을 이용한다.
- 난황유를 이용한다(88페이지 참고).
- 베이킹파우더를 이용할 수 있다(90페이지 참고).
- 공기순환팬을 이용해 환기를 원활히 한다(91페이지 참고).
- 일조와 통풍을 좋게 하고 일교차를 줄인다.

Ⅱ. 충해 관리

1. 차응애(Tea Red Spider Mite)

✚ 해충의 특성 및 피해증상

- **학명**: *Tetranychus kanzawai*
- 꽃의 경우 백색의 먹은 흔적이 있고, 피해 부위에 흰가루와 같은 탈피각과 적색 응애가 움직이는 것을 볼 수 있다.

차응애 성충 암컷

차응애 성충 수컷

✚ 발생생태

- 월동기에는 몸색이 붉은색을 띠며, 3월 상순 이후 적갈색으로 변화하고 산란을 시작한다.
- 고온건조 시 약 10일에 1세대를 경과, 발생최성기에는 세대가 중첩한다.
- 주로 성충, 약충이 바람에 날려 이동한다.

✚ 방제방법

- 기주 범위가 넓어서 온실, 비닐하우스는 물론 주변의 잡초에도 기생하므로 포장위생을 철저히 한다.
- 천적인 칠레이리응애를 이용한다(84페이지 참고).
- 난황유를 이용한다(88페이지 참고).

2. 점박이응애(Two Spotted Spider Mite)

✚ 해충의 특성 및 피해증상

- **학명**: *Tetranychus urticae*
- 잎 뒷면에서 세포의 내용물을 빨아 먹어 잎 표면에 작고 흰 반점이 무더기로 나타나고 심하면 잎이 말라 죽는다.

점박이응애

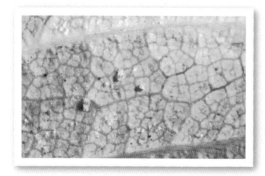

점박이응애 잎 피해

+ 발생생태

- 9℃ 전후에 발육을 시작, 발육 적온은 20~28℃, 최적 습도는 50~80%이다.
- 25℃에서 알이 성충이 되는 데 10일이 걸리고 조건이 좋으면 개체 수가 급속히 증가한다.

+ 방제방법

- 발생 초기인 유묘기에 철저히 방제하여 시설 내로의 유입을 막고 수확 후 잔재물이나 잡초 등을 철저히 제거한다.
- 포식성 천적인 칠레이리응애를 이용한다.
  - 투입시기는 아래 잎에 점박이응애 발생이 0~10%일 때이다.
  - 투입시기가 늦어질수록 효과가 낮다.
  - 5m 간격으로 이랑에 서로 어긋나게 놓는다.

3. 목화진딧물

+ 해충의 특성 및 피해증상

- **학명**: *Aphis gossypii*
- 성충, 약충이 기주식물의 잎 뒷면, 순 등에 집단으로 서식하여 가해한다.
- 흡즙에 의한 작물의 탈색, 왜소 유발 및 바이러스를 매개한다.
- 감로에 의한 그을음으로 상품성이 저하된다.

목화진딧물

목화진딧물 잎 피해

➕ 발생생태

- 촉성 재배의 경우 9~10월, 반촉성 재배에서는 2월에 발생하며 2~3월에 밀도가 증가하여 피해를 준다.
- 단위생식으로 증식하여 단시간에 개체수가 급격히 증가한다.

➕ 방제방법

- 천적인 콜레마니진디벌을 이용한다(84페이지 참고).
  - 생활사가 짧고, 우화 직후 집중적으로 산란한다.
  - 성충의 산란기간이 너무 짧아 자주 방사해야 하는 단점이 있다.
  - 천적유지식물(뱅커플랜트)를 이용해 천적을 유지한다.
- 모주상은 바이러스 감염 방지를 위해 한랭사로 피복한다.

4. 온실가루이 (Greenhouse Whitefly)

✚ 해충의 특성 및 피해증상

- **학명**: *Trialeurodes vaporariorum*
- 약충과 성충 모두 잎 뒷면에서 식물체의 즙액을 흡즙한다.
- 가해받은 식물은 잎과 새순이 생장 저해, 퇴색, 위조, 낙엽, 고사현상을 보인다.
- 배설물인 감로로 인한 그을음으로 상품성 저하, 광합성 저해, 바이러스 매개에 의한 간접피해도 크다.

온실가루이 성충

온실가루이 잎 피해

✚ 발생생태

- 온실에서는 연중 휴면 없이 발생할 수 있다.
- 성충은 새 잎을 선호하여 식물 즙액을 빨아먹고 일생 동안 약 300개의 알을 낳는다.
- 알에서 성충까지 3~4주 정도 소요되고 증식력이 대단히 높아 짧은 기간 내에 다발생할 수 있다.

✚ 방제방법

- 천적 기생봉인 온실가루이좀벌(*Encarsia formosa*)을 이용한다. 천적은 해충 발생 초기에 살포해야 효과가 있다.
- 시설 내 잔재물을 없애고, 제초를 하여 해충발생원을 없앤다.
- 외부로부터의 침입을 막기 위해 측창, 출입구, 환풍구 등에 방충망을 설치한다.

5. 총채벌레류

✚ 대만총채벌레

(1) 해충의 특성 및 피해증상

- 학명: *Frankliniella intonsa*
- 3월 이후 기온 상승과 함께 성충과 약충이 꽃에 기생하면 꽃이 흑갈색으로 변색되어 불임이 된다.
- 과실은 과피가 다갈색으로 변해 상품성이 떨어진다.

대만총채벌레 성충

(2) 발생생태

- 고온 건조를 선호하여 4월 이후 밀도가 급격히 증가한다.
- 딸기 꽃 1개에 20~30마리의 성충과 약충이 기생한다.
- 반촉성 또는 노지재배에 피해가 크다.
- 땅속에서 번데기 기간을 보낸다.

✚ 꽃노랑총채벌레

(1) 해충의 특성 및 피해증상

- **학명**: *Frankliniella occidentalis*
- 피해과일은 흰색의 지저분한 반점이 생기거나 기형과가 되고 생육이 저조하다.

꽃노랑총채벌레 성충

총채벌레 열매 피해

(2) 발생생태

- 전국적으로 분포하며 국내 각지에서 월동이 가능하다.
- 성충이 식물조직에 산란하고 부화한 약충은 2령 경과 후 땅속에서 제1, 제2 번데기 기간을 거쳐 성충으로 우화한다.

(3) 방제방법

- 시설재배지 내부와 주변 잡초를 제거한다.
- 태양열을 이용하여 토양을 소독한다(93페이지 참고).
- 천적으로 애꽃노린재와 오리이리응애를 이용한다.
- 난황유와 식물 추출물 등을 이용한다(88페이지 참고).

Ⅲ. 잡초 관리

1. 재배적 방법

- **비닐 피복**
  - 비닐 피복의 경우 검정비닐이 잡초 방제에 가장 좋으나 토양을 따뜻하게 유지시키지 못하는 단점이 있다.
  - 비닐 피복재 색깔 중 녹색과 갈색이 토양을 따뜻하게 유지하며 잡초 방제효과가 높다.
- **종이 피복**
  - 검은색 종이를 이용한 경우 투명비닐을 이용한 경우보다 잡초 밀도를 많이 낮추었지만, 흙에 묻힌 가장자리가 빨리 분해된다는 단점이 있다.

2. 유기물 피복

- **볏짚**
  - 겨울에는 볏짚을 이용해 멀칭하고 봄에 통로 쪽으로 거두면 잡초방제가 된다.
  - 볏짚은 달팽이나 민달팽이 등 해충의 서식처가 될 수 있으므로 주의한다.
- **신문지**
  - 조각낸 신문지를 이용했을 때 안전하게 잡초 방제를 했다는 연구결과가 있다. 이때 광택이 없고 컬러잉크를 사용하지 않은 신문이나 재활용지를 이용해야 한다.
  - 볏짚처럼 겨울에 식물체 윗부분에 10~12cm 두께로(2.5~2.9kg/m^2) 처리한다.

3. 열을 이용한 방법

- 잡초가 어린 경우, 수동화염방사, 증기발생기 및 뜨거운 물이 효과적이다.

IV. 생리 장해

1. 기형과

+ 증상과 특징

- 꽃 수정이 균일하지 않으면 과형이 정상적으로 형성되지 않는다.

기형과

출처: 국립원예특작과학원, 채소과

+ 원인 및 발생환경

- 온도, 습도, 일조, 처리제, 영양상태, 총채벌레, 수정벌 등 다양한 원인에 의해 발생한다.

+ 대책과 주의점

- 온도 관리를 철저히 하여 저온 및 고온장해를 방지한다.
- 충분한 보온을 해 준다.
- 하우스 내에 수정벌 8,000~10,000마리/10a를 반입하고 온도는 20~25℃로 유지한다(자외선 차광막은 꿀벌의 활동을 저해한다).

2. 정부연질과

✛ 증상과 특징

- 수확 초기인 12월부터 2월 사이의 동절기에 등숙된 과일 꼭대기가
연백색이 되어 물러지는 현상이다.
- 과실의 꼭대기 부분이 착색되지 않고 투명하여 백랍과와 같은 상
태로 출하해서 유통되는 동안 갑자기 변색되어 부패해 버리는 경
우가 있다.

정부연질과

출처: 국립원예특작과학원, 채소과

✛ 원인 및 발생환경

- 하우스 내 습도가 높고 밀식으로 인해 과실에 닿는 일사량이 부족
할 때 많이 발생한다.
- 주·야간 온도가 낮은 경우에 발생한다.

✚ 대책과 주의점

- **밀도**: 품종별 재식밀도 기준을 준수하고, 밀식을 피한다.
- **온도**: 주간 25℃, 야간 6℃ 정도로 관리한다.
- **습도**: 관수는 오전 중에 하여 고랑에 물이 고이지 않게 하고 습도를 유지한다.

3. 왜화현상

✚ 증상과 특징

- 주간 25℃, 야간 6~8℃, 일장 12시간 이상의 알맞은 조건에서도 식물체가 왜소한 경우이다.

✚ 원인 및 발생환경

- 불충분한 휴면(5℃ 이하에서 일정시간이 지나지 않았을 때) 상태일 때 발생한다.
- 토양의 과습, 건조 및 염류농도가 높을 때 발생한다.
- 휴면이 긴 품종을 난지에 재배한 경우에 발생한다.
- 바이러스 감염으로 발생한다.

✚ 대책과 주의점

- **반촉성 재배**: 자발적인 휴면 타파에 필요한 저온을 충족하도록 보온적기를 결정한다.
- **촉성 재배**: 휴면에 들기 전 조기 보온하지 않는다.
- 바이러스에 감염되지 않은 건전묘를 재배한다.

4. 착색불량과

+ 증상과 특징

- **발효과**: 성숙해도 과피색이 엷은 복숭아색으로 과육은 담황색이며 자극적인 냄새가 난다.
- **얼룩과**: 성숙해도 과실 표면의 착색이 균일하지 않다.

+ 원인 및 발생환경

- 겨울철 주·야간 온도가 낮을수록 색도 함량을 저하시킨다.
- 야간의 영향이 더 크고 지온이 낮을수록 발생이 심하다.
- 강산성 토양에서 유기물을 많이 시용했을 때 발생한다.

+ 대책과 주의점

- 토양산도를 pH 6.5 정도로 교정한다.
- 밀식을 피하고 화방이 햇빛을 잘 받을 수 있게 바깥쪽으로 향하게 한다.

V. 병해충 방제를 위한 천적 및 유기자재의 활용

1. 천적의 이용

✚ 딸기 해충과 천적

표 1. 시설채소의 해충방제에 사용되는 천적의 표준이용 모델

대상해충	천적	천적 발육 단계	전략	처리시기 (해충발생)	처리빈도	투입량 (마리/10a)	방사지점 (개/10a)
잎응애	칠레이리응애	성충 약충	치료	직후	1~3회	6,000	400
온실가루이	온실가루이좀벌	머미	예방 치료	직전 직후	2주 5~8주	1,500 3,000	30 60
담배가루이	황온좀벌	머미	예방 치료	직전 직후	2주 2~4주	1,500 3,000	30 60
잎굴파리	굴파리좀벌	성충	치료 포장증식	직후	2~3회	500	2
	잎굴파리고치벌	성충	치료	직후	2~3회	100	2
총채벌레	오이이리응애	약-성	포장 증식	직전	1~3회	100,000	400
	으뜸애꽃노린재	5령 성충	치료	직전	1~3회	1,000	10
목화진딧물, 복숭아혹 진딧물	콜레마니진디벌	머미	예방 치료	예방 치료	매주 2주	100 500	5 10
	천적유지식물 (뱅커플랜트)	성충	예방	2개월 전	1회 이상	1~2포트	1~2
진딧물	진디혹파리	번데기	치료 포장증식	발생 시	4주	1,000	10
	풀잠자리	유충	치료	발생 시	–	20,000	발생 지점
	무당벌레	성충	치료	발생 시	–	3,500	발생 지점
나방	쌀좀알벌	번데기	치료	발생 시	4회	–	–
	곤충기생선충	3령	치료	발생 시	1~3회	–	–

출처: 천적이용가이드(2007)

- 천적을 이용한 방제는 해충개체군의 밀도, 주변 온도, 습도 및 작물 종류 등 환경적 영향을 받으므로 앞의 표는 참고용으로 활용한다.
- 애꽃노린재는 방제효과는 우수하나 가격이 비싸 많이 사용할 수 없는 것이 단점이다.
- 콜레마니진디벌은 진딧물 발생 초기에 방사하거나, 정식 초기에 천적유지식물(뱅커플랜트)을 함께 심는 것을 통하여 예방적으로 활용될 수 있다.

표 2. 시설 딸기에 이용 가능한 국내 생산 천적

대상 해충	천적 명(학명)	이용정도
점박이응애	칠레이리응애 *Phytoseiulus persimilis*	◎
온실가루이	온실가루이좀벌 *Encarsia formosa*	○
총채벌레	으뜸애꽃노린재 *Orius strigicollis*	○
	오이이리응애 *Amblyseius cucumeris*	○
	총채가시응애 *Hypoaspis aculeifer*	○
목화진딧물, 복숭아혹진딧물	콜레마니진디벌 *Aphidius colemani*	◎
진딧물	진디혹파리 *Aphidoletes aphidimyza*	○
	무당벌레 *Harmonia axyridis*	△
나방유충	곤충기생선충 *Steinernema carpocapsae*	△

◎ 많음 ○ 보통 △ 조금
출처: 천적이용가이드(2005)

✚ 딸기 해충의 천적 이용 방법

딸기의 점박이응애와 진딧물의 천적이용 방제모델

작형	구분	6월	7	8	9	10	11	12	1	2	3	4	5
촉성 재배	재배일정	—	—	—	▲	—	—	♣	♣	♣	♣	♣	♠
	칠레이리응애 방사 점박이응애 발생						1차 ↓			2차 ↓			
	진디벌 방사 진딧물 발생					Banker Plants ↓		진디벌 ↓					
반촉성 재배	재배일정	—	—	—	—	▲	—	—	—	♣	♣	♣	♠
	칠레이리응애 방사 점박이응애 발생									1차 2차			
	진디벌 방사 진딧물 발생						Banker Plants ↓			진디벌 ↓			

※ ↓ : 방사시점, ⋯⋯ : 해충 발생, ▲ : 정식, ♣ : 수확, ♠ : 어미모 정식

표 3. 천적을 이용한 방제 기술

구 분	방 법
점박이응애 방제	• 촉성 재배: 11월, 2월 초중순 3.4마리/m² 방사 • 반촉성 재배: 2월 상순, 2월 중순 3.4마리/m² 방사
진딧물 방제	• 촉성 재배: 뱅커플랜트 9월 하순 정식, 　진디벌: 12월 중순 0.8마리/m² 방사 • 반촉성 재배: 뱅커플랜트 11월 상순 정식 　진디벌: 2월 상순 0.8마리/m² 방사

- 점박이응애가 전혀 발견되지 않으면 투입시기를 늦춘다.
- 점박이응애 발생이 많은 곳에는 2월 하순~3월 초 3차 투입하는 것이 안전하다.
- 점박이응애 발생이 잎당 5마리 이상이면 천적 투입량을 늘려야 한다.

✚ 뱅커플랜트의 이용

- 진딧물 방제 시 하우스당 1주의 뱅커플랜트를 정식하여 사용한다.
  - 구입한 뱅커플랜트는 화분에서 분리하여 딸기 두둑에 이식하여 관리한다.
  - 뱅커플랜트에 진디벌이 많이 기생하여 먹이인 보리두갈래진딧물이 없으면 추가 접종을 해야 한다.

······ *뱅커플랜트(Banker Plants)란?* ······

- 뱅커플랜트는 해충의 천적을 유지하는 식물이다.
- 식물에서 진딧물 등의 초식자가 증식하고, 초식자를 먹이로 하는 포식자나 기생자가 증식한다.
- 뱅커플랜트의 초식자는 작물에 해를 주지 않으나 천적인 포식자나 기생자는 작물에 발생하는 해충을 공격한다.
- 주로 보리나 밀 등 화본과 식물을 뱅커플랜트로 원예작물의 해충 방제에 이용한다.
- 뱅커플랜트의 설치시기는 해충이 발생하기 전이 좋다.
- 뱅커플랜트의 성공비결은 주 작물 정식 초부터 천적을 오랫동안 발생시키도록 뱅커플랜트를 관리하는 것이다.

딸기 하우스 내 뱅커플랜트

2. 난황유

- 난황유란 식용유를 달걀노른자로 유화시킨 유기농 작물보호자재로 거의 모든 작물의 병해충 예방목적으로 활용한다.
- 흰가루병, 노균병, 응애, 진딧물, 총채벌레 등에 대한 예방효과가 높다.

난황유 처리

무처리

✚ 만드는 방법

- 소량의 물에 달걀노른자를 넣고 2~3분간 믹서기로 간다.
- 달걀노른자 물에 식용유를 첨가하여 다시 믹서기로 3~5분간 혼합한다.
- 만들어진 난황유를 물에 희석해서 골고루 묻도록 살포한다.

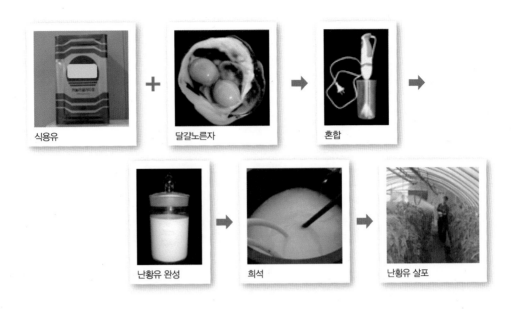

식용유   달걀노른자   혼합

난황유 완성   희석   난황유 살포

표 4. 살포량별 필요한 식용유와 달걀노른자 양

재료별	병 발생 전(0.3% 난황유)			병 발생(0.5% 난황유)		
	1말 (20L)	10말 (200L)	25말 (500L)	1말 (20L)	10말 (200L)	25말 (500L)
식용유	60mL	600mL	1.5L	100mL	1L	2.5L
달걀노른자	1개	7개	15개	1개	7개	15개

✚ 사용방법

- 예방적 살포는 10~14일 간격, 병·해충 발생 후 치료적 목적은 5~7일 간격으로 살포한다.
- 잎의 앞·뒷면에 골고루 묻도록 충분한 양을 살포해야 한다.
- 난황유는 직접적으로 병해충을 살균·살충하기도 하지만 작물 표면에 피막을 형성하여 병원균이나 해충의 침입을 막아주므로 너무 자주 살포하거나 농도가 높으면 작물 생육이 억제될 수 있다.

- 난황유는 꿀벌이나 천적 등에도 피해를 줄 수 있으므로 사용상 주의가 필요하다.

······· 난황유 사용시 주의사항 ·········

- 5℃ 이하 저온과 35℃ 이상 고온에서는 약해를 나타낼 수 있다.
- 저온다습 시에는 기름방울이 마르지 않고 결빙되어 약해증상을 나타낼 수 있고, 고온 건조 시에는 기름방울에 의한 작물의 수분 스트레스가 높아진다.
- 작물의 종류, 생육시기, 재배형태 등에 따라 난황유에 대한 반응이 다를 수 있다.
- 농도가 높거나 너무 자주 살포하면 작물에 생육장애가 있을 수 있다.
- 영양제나 농약과 혼용 시 효과가 낮아지거나 약해 발생 우려가 높다.

3. 베이킹파우더

- 대상 병해로는 흰가루병, 노균병, 잿빛곰팡이병 등이 있다.
- 베이킹소다 20g을 물 1말(20L)에 희석하여 매주 사용했을 때 흰가루병을 억제할 수 있다.
- 베이킹소다는 다양한 병원성 곰팡이에 대한 방제효과가 있으나 자주 사용하거나 농도가 높으면 약해가 발생될 수 있으며 토양 pH가 알칼리로 변할 수 있으므로 주의해야 한다.
- 베이킹소다 단독 사용보다는 천연비눗물이나 난황유 등과 혼합사용하면 효과를 높일 수 있다.

4. 식물추출물

- 님(Neem)오일
  - 'Azadirachta indica'라는 식물의 열매에서 추출한 식물성 기름으로 살균효과뿐만 아니라 응애, 진딧물 등의 해충 퇴치에 효과를 가진다.
  - 천적과 꿀벌에 해를 줄 수 있으므로 주의한다.
  - 현재 님(Neem) 추출물을 함유한 제품들이 상품화되어 있으니 이를 적절히 이용한다.
- 마늘과 고추 추출물은 꽃노랑총채벌레 등 각종 해충 방제 목적으로 활용한다.
- **만드는 방법 및 사용법**
  ① 두 뿌리의 마늘과 두 개의 고추를 넣어 믹서기에 물을 1/3 정도 채워서 마쇄한다. 건더기는 버리고 물을 부어 4L 정도를 만든다.
  ② ①번의 혼합물 1/4컵 분량과 2스푼의 식물성 기름을 섞고 물을 부어 다시 4L 정도로 만든다. 이때 물과 기름이 섞이지 않으면 유화제로 달걀노른자를 첨가하여 믹서로 갈아 혼합한다.
  ③ ②번 용액을 잘 섞어 분무기로 살포하여 사용한다.

5. 공기순환팬

- 공기순환팬이란 소형의 팬시설을 시설하우스 내부 천장에 설치하여 하우스 안의 공기 흐름을 원활하게 함으로써 작물의 생산성을 높이고 병해충 발생을 낮추는 장치이다.

- 공기순환팬은 하우스 내부의 야간 온도를 높이고 주간 온도를 낮추어 일교차를 줄여 주고 하우스 내 이산화탄소를 순환시켜 작물 주변의 야간 CO_2 농도를 낮춰 준다.
- 습도를 낮추고 결로 시간을 줄여 병원균의 증식과 침입을 막는다.
- 뿌리에 산소 공급을 원활히 할 수 있도록 해주므로 뿌리 활착률이 좋아져 입모율을 높이고, 신선한 외부공기를 유입하여 작물이 건강하게 자라게 된다.

공기 순환팬 설치

공기 순환팬 미설치

- **설치방법**
  - 가동시간은 15~30분 간격으로 24시간 작동시키며, 외부 기온에 따라 가동시간을 조절하고 작업에 영향을 주지 않는 천장(높이 1.8m)에 설치한다.
  - 시설하우스 내부 온도가 5℃ 이하인 경우에는 공기순환팬에 의해 작물이 저온 스트레스를 받을 수 있으므로 주의한다.

6. 태양열 소독

- 태양열 소독이란 기온이 높은 여름철에 물을 대고 투명한 비닐로 멀칭하여 토양온도를 높여서 병원균을 사멸시키거나 불활성화시키는 방법이다.

- 비닐하우스 재배에서 문제가 되는 선충이나 토양해충을 방제하는데 탁월한 효과가 있으며 토양표면 가까이 있다가 발아하여 올라오는 대부분의 잡초종자는 죽거나 제대로 발아하지 못하게 된다.

- 상추, 오이, 딸기처럼 뿌리를 얕게 뻗는 작물에 침해하는 병원균들은 방제가 잘되지만 토마토처럼 뿌리가 깊게 뻗는 작물에 기생하는 병원균에 대해서는 효과가 다소 낮다.

- **작업순서**

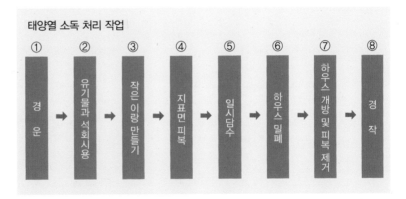

태양열 소독 처리 작업

① 경운 → ② 유기물과 석회시용 → ③ 작은 이랑 만들기 → ④ 지표면 피복 → ⑤ 일시담수 → ⑥ 하우스 밀폐 → ⑦ 하우스 개방 및 피복 제거 → ⑧ 경작

- 노지에서는 상토용 비닐에 10~15cm 두께로 흙을 넣고 10~15일간 방치하여 햇볕에 소독해도 효과적이다.

- 지중가온시설이 보급된 농가에서는 담수처리 후 지온을 50℃ 이상 되도록 5일간 가온할 경우 많은 토양전염성 병원균과 선충을 방제할 수 있다.

태양열 소독을 위한 유기물 처리 및 비닐피복

- 태양열 소독 시 토심별 최고온도는 토심 10cm에서 60℃ 이상, 20cm에서 48℃, 30cm에서 40℃가 유지되어 외부온도와 현저한 차이가 있다.

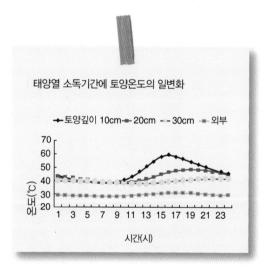

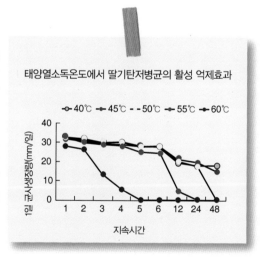

- 태양열 소독 시 온도 60℃에서 5시간 이상 처리할 때 탄저병균의 활성이 억제되고, 시들음병의 경우에는 60℃에서 3시간 이상 처리 시 활성이 억제된다.

7. 쌀겨 이용

- 토양 유래 시들음병 피해지역에서 쌀겨 이용 태양열 소독 시 무처리 대비 시들음병 발생률이 72% 감소하며 뿌리썩이선충 등의 밀도 억제에 효과가 있다.

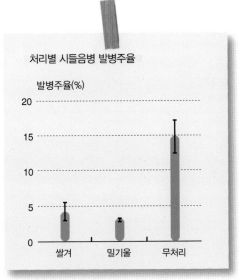

처리별 시들음병 발병주율

출처: 전라남도 농업기술원(2006)

- **활용방법**
  - **처리시기:** 7월 중순~ 8월 중순
  - **처리방법**
    ① 쌀겨 또는 밀기울 1~2톤/10a을 토양에 살포한다.
    ② 로타리(2회 이상) 작업으로 고르게 섞은 후 비닐 멀칭한다.
    ③ 토양표면이 충분히 넘치도록 관수한다.
    ④ 한 달 후 비닐을 제거하고 2~3일간 환기를 한 후 정식을 준비한다.

Part 06

·

수 확 및 수 확 후 관 리

Ⅰ. 수확기 결정

- 내수용
  - **경도가 낮은 품종**: 착색률 80%일 때
  - **경도가 높은 품종**: 착색률 90%일 때
  - 70%~80% 착색단계에서 수확한 과실은 4~5℃, 상대습도 95% 에서 3~5일 저장 후 출하가 가능하다.
- 수출용
  - **경도가 높은 품종(매향, 육보, 금향)**: 70~80% 착색기에 수확

수확기 딸기밭

딸기 수확 모습

Ⅱ. 수확할 때 주의사항

- 전염성 질병에 감염된 인부는 수확 및 선별과정에서 배제한다.
- 작업인부 교육을 통한 수확 중 손상 및 비위생적 요인에 의한 품질 저하를 예방한다.
- 재배포장 주변에서 발견한 동물 사체는 즉시 제거하고, 수확기에 야생동물의 접근을 금지한다.
- 수확용기는 정기적으로 세척하고 필요할 경우 소독한다(100ppm 염소수, 유황훈증 $4.8g/m^3$ 등).

Ⅲ. 생산지 선별

- 과실이 직사광선에 노출되거나 수확용기가 흙에 닿아 과실이 오염되지 않도록 주의한다.
- 비상품과 및 과숙한 과실은 배제하고 APC 선별과 포장을 위해 크기를 구분한다.
- 작업장과 수송용 상자의 청결을 유지한다.
- 작업장에 애완동물 접근 금지 및 동물과 접촉한 작업자는 작업 전 청결을 유지한다.
- 작업한 과실은 수송 전까지 저온실에서 관리한다.

유기딸기 공동 선별

유기딸기 가공을 위한 선별

출처: 전라남도 농업기술원

- 선별기준은 국립농산물품질관리원에서 정한 등급 규격과 무게 기준에 따른다.
  - 딸기의 포장규격은 1.5, 2, 4, 8kg 등이며 생산자의 편의에 따라 출하규격을 선택한다.
  - 용기의 규격을 지키는 것이 좋고, 수확 후 여건에 맞는 PR 또는 스티로폼 등의 소포장 용기를 선택한다.

국내 유기농업에 허용되는 자재 목록 (개정 2011.10.13)

표 1. 토양개량과 작물생육을 위하여 사용이 가능한 자재

사용가능 자재	사용가능 조건
○ 농장 및 가금류의 퇴구비	○ 농촌진흥청장이 고시한 품질규격에 적합할 것
○ 퇴비화된 가축배설물	
○ 건조된 농장퇴구비 및 탈수한 가금퇴구비	○ 지렁이 양식용 자재는 이 목(1) 및 (2)에서 사용이 가능한 것으로 규정된 자재만을 사용할 것
○ 식물 또는 식물잔류물로 만든 퇴비	
○ 버섯재배 및 지렁이 양식에서 생긴 퇴비	
○ 지렁이 또는 곤충으로부터 온 부식토	○ 슬러지류를 먹이로 하는 것이 아닐 것
○ 식품 및 섬유공장의 유기적 부산물	○ 합성첨가물이 포함되어 있지 아니할 것
○ 유기농장 부산물로 만든 비료	
○ 혈분·육분·골분·깃털분 등 도축장과 수산물 가공공장에서 나온 동물부산물	
○ 대두박, 미강유박, 깻묵 등 식물성 유박류	
○ 제당산업의 부산물(당밀, 비나스(Vinasse), 식품등급의 설탕, 포도당 포함)	○ 유해 화합물질로 처리되지 아니할 것
○ 유기농업에서 유래한 재료를 가공하는 산업의 부산물	
○ 이탄(Peat)	
○ 피트모스(토탄) 및 피트모스추출물	
○ 오줌	○ 적절한 발효와 희석을 거쳐 냄새 등을 제거한 후 사용할 것
○ 사람의 배설물	○ 완전히 발효되어 부숙된 것일 것
	○ 고온발효: 50℃ 이상에서 7일 이상 발효된 것
	○ 저온발효: 6개월 이상 발효된 것
	○ 직접 먹는 농산물에 사용금지
○ 해조류, 해조류 추출물, 해조류 퇴적물	
○ 벌레 등 자연적으로 생긴 유기체	
○ 미생물 및 미생물추출물	
○ 구아노(Guano)	
○ 짚, 왕겨 및 산야초	

○ 톱밥, 나무껍질 및 목재 부스러기	○ 폐가구 목재의 톱밥 및 부스러기가 포함되어 있지 아니할 것
○ 나무숯 및 나뭇재	
○ 황산가리 또는 황산가리고토(랑베나이트 포함)	○ 천연에서 유래하여야 하며, 단순 물리적으로 가공한 것에 한함
○ 석회소다 염화물	○ 사람의 건강 또는 농업환경에 위해요소로 작용하는 광물질(예: 석면광, 수은광 등)은 사용할 수 없음
○ 석회질 마그네슘 암석	
○ 마그네슘 암석	
○ 황산마그네슘(사리염) 및 천연석고(황산칼슘)	
○ 석회석 등 자연산 탄산칼슘	
○ 점토광물(벤토나이트 · 펄라이트 및 제올라이트 일라이트 등)	
○ 질석(풍화한 흑운모: Vermiculite)	
○ 붕소 · 철 · 망간 · 구리 · 몰리브덴 및 아연 등 미량원소	
○ 칼륨암석 및 채굴된 칼륨염	○ 합성공정을 거치지 아니하여야 하고 합성비료가 첨가되지 아니하여야 하며, 염소 함량이 60% 미만일 것
○ 천연 인광석 및 인산알루미늄칼슘	○ 물리적 공정으로 제조된 것이어야 하며, 인을 오산화인(P_2O_5)으로 환산하여 1kg 중 카드뮴이 90mg/kg 이하일 것
○ 자연암석분말 · 분쇄석 또는 그 용액	○ 화학합성물질로 용해한 것이 아닐 것
○ 베이직슬래그(鑛滓)	○ 광물의 제련과정으로부터 유래한 것
○ 황	
○ 스틸리지 및 스틸리지추출물(암모니아 스틸리지는 제외한다)	
○ 염화나트륨(소금)	○ 채굴한 염 또는 천일염일 것
○ 목초액	○ 「산림자원의 조성 및 관리에 관한 법률」에 따라 국립산림과학원장이 고시한 규격 및 품질 등에 적합할 것
○ 키토산	○ 농촌진흥청장이 정하여 고시한 품질규격에 적합할 것
○ 그 밖의 자재	○ 국제식품규격위원회(CODEX) 등 유기농 관련 국제기준에서 토양개량과 작물생육을 위하여 사용이 허용된 자재로서 농촌진흥청장이 인정하여 고시하는 물질

표 2. 병해충 관리를 위하여 사용이 가능한 자재

사용이 가능한 자재	사용 가능 조건
(가) 식물과 동물	
○ 제충국 추출물	○ 제충국(Chrysanthemum cinerariaefolium)에서 추출된 천연물질일 것
○ 데리스(Derris) 추출물	○ 데리스(Derris spp., Lonchocarpus spp. 및 Terphrosia spp.)에서 추출된 천연물질일 것
○ 쿠아시아(Quassia) 추출물	○ 쿠아시아(Quassia amara)에서 추출된 천연물질일 것
○ 라이아니아(Ryania) 추출물	○ 라이아니아(Ryania speciosa)에서 추출된 천연물질일 것
○ 님(Neem) 추출물	○ 님(Azadirachta indica)에서 추출된 천연물질일 것
○ 밀랍(Propolis)	
○ 동 · 식물성 오일	
○ 해조류 · 해조류가루 · 해조류추출액 · 해수 및 천일염	○ 화학적으로 처리되지 아니한 것일 것
○ 젤라틴	○ 크롬(Cr)처리 등 화학적 공정을 거치지 아니한 것일 것
○ 인지질(레시틴)	
○ 난황(卵黃)	
○ 카제인(유단백질)	
○ 식초 등 천연산	○ 화학적으로 처리되지 아니한 것일 것
○ 누룩곰팡이(Aspergillus)의 발효생산물	
○ 버섯 추출액	
○ 클로렐라 추출액	
○ 목초액	○ 「산림자원의 조성 및 관리에 관한 법률」에 따라 국립산림과학원장이 고시한 규격 및 품질 등에 적합할 것
○ 천연식물에서 추출한 제제 · 천연약초, 한약재	
○ 담배차(순수니코틴은 제외)	
○ 키토산	○ 농촌진흥청장이 정하여 고시한 품질규격에 적합할 것
(나) 광물질	
○ 구리염	
○ 보르도액	
○ 수산화동	
○ 산염화동	

○ 부르고뉴액	
○ 생석회(산화칼슘) 및 수산화칼슘	○ 보르도액 제조용에 한함
○ 유황	
○ 규산염	○ 천연에서 유래하거나, 이를 단순 물리적으로 가공한 것에 한함
○ 규산나트륨	
○ 규조토	
○ 벤토나이트	
○ 맥반석 등 광물질 분말	
○ 중탄산나트륨 및 중탄산칼륨	
○ 과망간산칼륨	
○ 탄산칼슘	
○ 인산철	○ 달팽이 관리용으로 사용하는 것에 한함
○ 파라핀 오일	
(다) 생물학적 병해충 관리를 위하여 사용되는 자재	
○ 미생물 및 미생물 추출물	
○ 천적	
(라) 덫	
○ 성유인물질(페로몬)	○ 작물에 직접 살포하지 아니할 것
○ 메타알데하이드	
(마) 기타	
○ 이산화탄소 및 질소가스	
○ 비눗물	○ 화학합성비누 및 합성세제는 사용하지 아니할 것
○ 에틸알코올	○ 발효주정일 것
○ 동종요법 및 아유르베다식(Ayurvedic) 제제	
○ 향신료 · 생체역학적 제제 및 기피식물	
○ 웅성불임곤충	
○ 기계유	
○ 그 밖의 자재	○ 국제식품규격위원회(CODEX) 등 유기농 관련 국제 기준에서 병해충 관리를 위하여 사용이 허용된 자재로 농촌진흥청장이 인정하여 고시하는 물질